⑦ 古村落

- 浙江新叶村
- 采石矶
- 侗寨建筑
- 徽州乡土村落
- 韩城党家村
- 唐模水街村
- 佛山东华里
- 军事村落—张壁
- 泸沽湖畔"女儿国"—洛水村

⑧ 民居建筑

- 北京四合院
- 苏州民居
- 黟县民居
- 赣南围屋
- 大理白族民居
- 丽江纳西族民居
- 石库门里弄民居
- 喀什民居
- 福建土楼精华—华安二宜楼

⑨ 陵墓建筑

- 明十三陵
- 清东陵
- 关外三陵

⑩ 园林建筑

- 皇家苑囿
- 承德避暑山庄
- 文人园林
- 岭南园林
- 造园堆山
- 网师园
- 平湖莫氏庄园

⑪ 书院与会馆

- 书院建筑
- 岳麓书院
- 江西三大书院
- 陈氏书院
- 西泠印社
- 会馆建筑

⑫ 其他

- 楼阁建筑
- 塔
- 安徽古塔
- 应县木塔
- 中国的亭
- 闽桥
- 绍兴石桥
- 牌坊

中国精致建筑100

筑境

解州关帝庙

王宝库 王鸣 撰文 王永先 摄影

中国建筑工业出版社

出版说明

中国是一个地大物博、历史悠久的文明古国。自历史的脚步迈入新世纪大门以来，她越来越成为世人瞩目的焦点，正不断向世人绽放她历史上曾具有的魅力和光辉异彩。当代中国的经济腾飞、古代中国的文化瑰宝，都已成了世人热衷研究和深入了解的课题。

作为国家级科技出版单位——中国建筑工业出版社60年来始终以弘扬和传承中华民族优秀的建筑文化，推动和传播中国建筑技术进步与发展，向世界介绍和展示中国从古至今的建设成就为己任，并用行动践行着"弘扬中华文化，增强中华文化国际影响力"的使命。从20世纪80年代开始，中国建筑工业出版社就非常重视与海内外同仁进行建筑文化交流与合作，并策划、组织编撰、出版了一系列反映我中华传统建筑风貌的学术画册和学术著作，并在海内外产生了重大影响。

"中国精致建筑100"是中国建筑工业出版社与台湾锦绣出版事业股份有限公司策划，由中国建筑工业出版社组织国内百余位专家学者和摄影专家不惮繁杂，对遍布全国有历史意义的、有代表性的传统建筑进行认真考察和潜心研究，并按建筑思想、建筑元素、宫殿建筑、礼制建筑、宗教建筑、古城镇、古村落、民居建筑、陵墓建筑、园林建筑、书院与会馆等建筑专题与类别，历经数年系统科学地梳理、编撰而成。本套图书按专题分册，就其历史背景、建筑风格、建筑特征、建筑文化，结合精美图照和线图撰写。全套100册、文约200万字、图照6000余幅。

这套图书内容精练、文字通俗、图文并茂、设计考究，是适合海内外读者轻松阅读、便于携带的专业与文化并蓄的普及性读物。目的是让更多的热爱中华文化的人，更全面地欣赏和认识中国传统建筑特有的丰姿、独特的设计手法、精湛的建造技艺，及其绝妙的细部处理，并为世界建筑界记录下可资回味的建筑文化遗产，为海内外读者打开一扇建筑知识和艺术的大门。

这套图书将以中、英文两种文版推出，可供广大中外古建筑之研究者、爱好者、旅游者阅读和珍藏。

目录

- 007　一、恢宏俨然帝王宫
- 021　二、从美国先生的关公崇拜说起
- 025　三、关公其人
- 029　四、进出庙宇的通道口：关庙说『门』
- 039　五、木构石雕 各逞风流：关庙说『坊』
- 049　六、玲珑八卦楼
- 057　七、巍峨崇宁殿
- 069　八、悬梁吊柱春秋楼
- 077　九、常平关圣家庙
- 083　十、古木蓊郁 各具传奇
- 087　十一、源远流长的关公大祭
- 091　大事年表

解州关帝庙

中华武庙之冠——解州关帝庙位于山西省运城市解州镇。三国蜀汉大将关羽于东汉桓帝延熹三年（160年）诞生于河东郡解县常平县（即今解州镇所属长平村），所以在海内众多的关庙中修建于关羽故里的这座庙宇，以规模浩大、气势恢宏而独占鳌头，是中华武庙之冠。庙宇始创于隋，重建于宋，明、清两代屡加修葺、扩建和重建，今存建筑为清圣祖康熙五十二年（1713年）遗构。

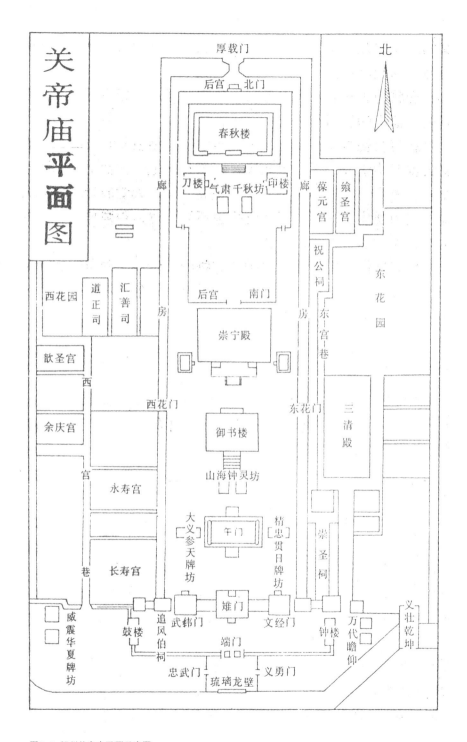

图0-1 解州关帝庙平面示意图

一、恢宏俨然帝王宫

解州关帝庙所在之运城市解州镇以历史悠久而闻名于世，有着颇为优越的地理环境。九曲黄河由北而南纵贯山西西境，至解州南邻芮城县之风陵渡折向东流。西、南两面皆为黄河环绕的解州接受了黄河慷慨的赐予，地灵而人杰，才俊辈出，三国蜀汉大将关羽便是这块黄土地上涌现出来的一代英才。运城春秋时为盐邑，汉代设置盐县，其地产盐，因以为名。而"运城"的含义即"盐运之城"，因有运司驻扎而得名，汉称"司盐城"，有司盐都尉治此；唐代置两池榷盐使；宋代置河东转运使解盐氏；元代置都转盐运使司；清代有河东道盐运使驻此。河东之盐多集于此，盐市极盛。运城盐池与俄罗斯咸海、美国奥格丁盐湖齐名，乃世界三大硫酸钠型盐湖之一，以产潞盐驰名于世。这里远在石器时代就有天然结晶盐，南北朝时期已开始人工垦畦晾晒，至唐代盐业生产臻于极巅，有所谓"唐之富庶，（河东）盐税之半"的说法。鉴于盐池在中国封建社会的杰出经济作用与特殊贡献，故唐代宗大历年间（766—779年）以"神赐瑞盐"，皇室特

图1-1 解州关帝庙鸟瞰
解州关帝庙为全国重点文物保护单位，位于山西省运城南解州镇，占地14公顷有余，是全国现存规模最大的武庙。

图1-2 崇宁殿庭院

崇宁殿前庭院是关帝庙中的主体庭院。庭院宽阔，布局整齐，树木成荫，前来观光拜谒的游客络绎不绝。

敕封盐池为"宝应灵庆池",封池神为"宝应灵庆公",并敕建"灵庆公祠"以祀之。唐宋两代,先后有13位皇帝前来朝湖览胜,拜谒池神。以后历代皇帝对盐神屡有加封,并且对池神庙屡加修葺。解州今虽为市辖镇,但在相当长的一段历史时期内却是州衙所在,管领数县。"解"的得名源远流长,可以追溯到遥远的史前期。传说我们华夏民族的先祖黄帝与蚩尤大战于阪泉之野,生擒蚩尤,肢解其体于解州一带,于是这块地方便有了"解"之专名。北宋学者沈括所撰《梦溪笔谈》一书中有解州盐池"卤色正赤,在阪泉之下,俚俗谓之蚩尤血"的记载。

图1-3 钟亭
位于御书楼北面西侧,亭内悬挂大钟为清顺治十七年(1660年)铸造。钟面饰八卦及兽面纹饰,顶为龙头形。祭典时撞击,声闻数里,余音不绝。

图1-4 雉门内院景观

雉门北侧台阶上铺以台板,即可演戏,称作戏台。台中有横匾"全部春秋"。台的左右斜出玻璃影壁。

解州关帝庙

恢宏俨然帝王宫

坐落在如此璀璨的历史和如此优越的地理之时空关系中的解州关帝庙，巍峨矗立于故州城的西门外，面对中条山翠峰，背濒盐池水银波，掩映于绿荫丛中、繁花之间，环境清幽，令人神往。随着历代帝王对关羽加封的逐步升级，庙宇面积亦日趋扩大，其规模和气势不亚于以"天子"自居的人间皇帝所专有的皇宫宅邸。庙坐北向南，系全国重点文物保护单位，始创于隋文帝开皇九年（589年），重建于宋真宗大中祥符七年（1014年），宋徽宗政和年间（1111—1117年）、金章宗泰和四年（1204年）均予重修。元成宗大德七年（1303年）毁于地震后又予重建。至明嘉靖三十七年（1558年）再次毁于地震后知州王唯宁重建。神宗万历初年建麟经阁二十八楹，史载高九丈，翼以二楼、七十四廊，增筑东、西门及钟、鼓楼。清圣祖康熙六年（1667年）重建胡公祠，四十一年（1702年）失火被焚后于五十二年（1713年）再度重建，增筑崇圣祠，庙宇恢复旧貌。高宗乾隆十八年（1753年）又予重修，二十七年（1762年）再建结义园。嘉庆至同治间又多次大修或补葺，形成现状。庙院南北长

图1-5 碑亭/对面页
位于御书楼北东侧，与钟亭相对。雍正十二年（1734年）建。亭中置和硕果亲王题写的石碑一方。

解州关帝庙 恢宏俨然帝王宫

图1-6 刀楼

位于春秋楼前方西侧，平面为方形，建于清乾隆二十七年（1762年），3层外檐，十字歇山顶，内藏关羽青龙偃月刀一柄（复制品）。

700余米，东西宽200余米，总面积逾14万平方米，仅中轴线上的建筑面积就达18576平方米，今存各种房屋200余间，乃海内其他武庙所无法相比，诚如明孝宗弘治年间（1488—1505年）进士、山西运城巡盐监察御史汤沐诗所云："四海只今多庙貌，英灵还属旧河东。"

现存庙宇为大型合院式建筑，由前、中、后三部分组成。

前部为结义园。园内建结义园、君子亭、三分砥柱石、三义阁、牌坊、假山、莲花池、石桥等，四周桃林繁茂，颇富桃园三结义之旨趣。中国的大型皇宫建筑物正前方一般是开阔地，即所谓"广场"，用以衬托主体建筑的高大体量及巍峨气势。而解州关帝庙的正前方却安排了林木翁郁、亭阁点缀的园林建筑，此种布局在国内同类建筑中极为罕见，反映了解州关帝庙浓郁的民间色彩、民俗色彩及民间风俗神庙的色彩。

庙宇中部乃主体建筑所在，中轴线上自南而北依次排列着镶嵌琉璃蟠龙的照壁及端门、雉门、午门、山海钟灵坊、御书楼、崇宁殿。这些建筑俱以绿琉璃瓦覆顶，中以黄色琉璃瓦镶嵌的菱形图案点缀屋顶坡面，各种建筑或置于地平，或建于高台，或歇山顶，或庑殿顶，或单檐，或重檐，或一间，或多间，或单层，或双层，或高大，或矮小，既整齐有序地保持了建筑群体基本风格的统一,又避免了建筑造型的雷同,其高低起伏大小变化如金龙翻腾,似彩凤旋舞,参差有致,静中寓动。中轴线两侧辅以义勇门、忠武门、钟楼、鼓楼、文经门、武纬门、义壮乾坤坊、万代瞻仰坊、威震华夏坊、追风伯祠、精忠贯日坊、大义参天坊、钟亭、碑亭、崇圣祠、胡公祠、祝公祠、东华门、西华门,以及三清殿、飨圣宫、葆元宫、长寿宫、永寿宫、余庆宫、歆圣宫、汇善司、道正司、东花园、西花园等,各种类型各种形式各种形制的建筑物应有尽有,则一律为单层单体建筑,以其平缓低矮衬托中轴建筑特别是主体建筑崇宁殿的高大雄伟。庙宇四周以宫墙雉堞围护,形成封闭式城堡,体现了皇宫建筑的森严戒备及王者气魄。

图1-7 印楼/对面页
位于春秋楼前方东侧,与刀楼东西对峙,建于清嘉庆十四年(1809年),形制同刀楼,内藏后人补制的"汉寿亭侯"大印一方。

庙宇后部为寝宫，原有娘娘殿（奉祀关夫人），清末失火被焚，今已改建为花园。现存建筑以园林花木与前院相隔，以气肃千秋坊为前导，以春秋楼为中心，刀印二楼左右对峙，形制相同，气势不凡。刀楼与印楼均系明代遗构，清高宗乾隆二十七年（1762年）曾予改建，俱为两层三檐楼阁式，十字歇山顶，绿琉璃瓦覆盖，面阔与进深各一间，周施12柱，形成围廊八间，二层施平座、勾栏，檐下斗栱密致，彩绘华丽，楼内分置青龙偃月刀和汉寿亭侯玉印模型，故二楼分别以"刀"、"印"为名。

结义园、主庙、寝宫三部分自成格局，但又是一个和谐而统一的整体。庙宇的平面与空间布局主从有致，疏密相间，高下叠置，参差错落。其空间结构中部高而两翼低，中轴线上的建筑物则是由南而北自外及里逐级向上，至主体建筑崇宁殿臻达高潮，形成起伏变化拱卫主体之势。其平面设置则是在龙壁与端门之间安排一个小型空间作为引子，在端门与雉门之间设置横向展开的狭长空间，入雉门后则是纵向展开的大面积空间，分别以午门、御书楼、崇宁殿三座大型建筑将空间分隔为既彼此独立又相互联结的三进院落，两翼点缀亭、坊等建筑，四周环廊，主次分明，左右对称，沿袭"前朝后寝"、"前殿后舍"惯例，与《仪礼》所述旧制相符，和皇家宫殿建筑相比较而几无二致。位于中轴线两侧的崇圣祠是崇祀关羽父母等三代先人的祠堂；胡公祠相传是供奉关羽岳父和岳母的祠堂；部将祠内供奉关羽部将周仓等人；追风伯祠供奉关羽坐骑千里赤兔马，"追风伯"是明神宗朱翊钧赐封。位于御书楼（八卦楼）两侧的钟亭和碑亭俱为重檐六角攒尖顶，内以6根通天柱支撑亭顶上檐，外以6根廊柱支撑下檐，俱立于高出地面的石砌台基之上，周施栏杆围护；其中碑亭建于清世宗雍正十二年（1734年），内置和硕果亲王题词玉石碑；钟亭建于清仁宗嘉庆十四年（1809年），内置清世祖顺治十七年（1660年）所铸重约万斤的巨钟一口，上有八卦图案及精美纹饰。建于主庙中轴线两侧的这些祠、亭及其他楼、廊、牌坊等与中轴线上的主体建筑遥相呼应，彼此映衬，形成高下参差、疏密有致、左右对称、威严神秘的建筑空间，令参拜者置身于这一个由不同建筑物酿造的特定氛围中，便会自然而然地产生对关圣帝君的崇仰心态。其疏阔处可供成千上万人进行庆典和大祭等集团性活动，密凑处则可形成跌宕起伏、莫测高深的神秘感觉和曲径通幽、步移景换的艺术效果。恢宏俨然帝王宫的解州关帝庙较之人间皇帝所居之宅不减其威严，却平添了诸多神的灵性和意念，令芸芸众生顶礼膜拜，诚惶诚恐。

人之居所谓"房"，其作用无论对于达官显贵，还是平民百姓，应当没有什么本质的差异。但是在现实生活中和漫长的中国封建社会史上，不同阶层，不同人物所居之房舍，从规模、形制、结构，以至外观、形式、用材、彩绘、装饰等，却是大相径庭的。深受儒家思想影响的中国古代建筑，便是用砖瓦土木写就的洋洋大观的"中国封建政治伦理学"。在皇权至上的中国封建社会，"穷天下之力奉一人"，皇宫建筑当是集最高等级于一体，其建筑规模、屋顶形式、面阔间数、台基类型、琉璃瓦颜色，室内外彩绘与装饰等，至尊至贵，无所不用其极。而解州关帝庙在诸多方面均与皇宫建筑相类同。在封建社会唯皇帝才可独有的宅邸，却被一个非神、非佛的山西凡人在其离开人世之后的千余年间所长期配享，个中情由，我们或许可以从一位远在大洋彼岸的美国先生对关公的崇拜作管中窥豹而略见一斑。

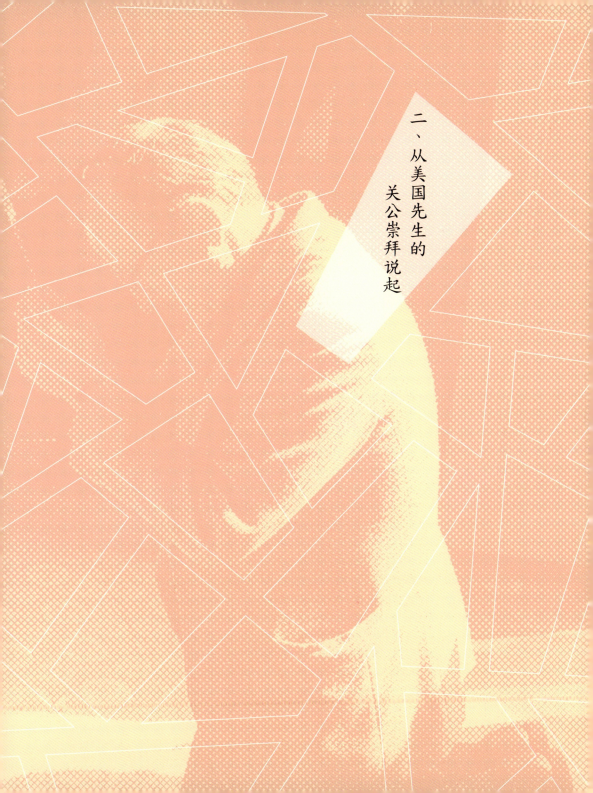

二、从美国先生的关公崇拜说起

大洋彼岸的美利坚合众国,有一位名叫焦大卫的学者,对中华民族传统文化有着十分浓厚的兴趣。请别以为这位焦姓学者是什么"美籍华人",他可是一位纯粹的美国人,美国名字叫DAVID K. JORDAN,只是因为崇仰中国文化才给自己起了一个颇具中国色彩的姓名。焦先生在美国圣迭戈加利福尼亚大学人类学系任教授,芝加哥大学人类学博士,能说一口流利的汉语。近年来他致力于关公文化研究,与天津社会科学院历史研究所教授李世瑜先生联袂编纂容量浩大、涉猎广泛、覆盖中外、既全且备的大型学术著作《关帝全书》,成书后由大陆与台湾联合出版,海内外发行。他们联络我参与此项工程,并在我的陪同下考察山西境内的关公文化现象,重点自然放在关公故乡运城市。

图2-1 焦大卫先生拜关公
图为美国焦大卫先生在解州关帝庙对关公像顶礼膜拜。

一个美国人，为什么会对已离开人世近1800年的中国山西人感兴趣呢？考察期间一路陪同，多方交谈，我才有了约略的了解。

焦先生攻人类学，他在研究过程中对古老而又神秘的中华文化产生了极为浓厚的兴趣。通过与海内外中国人的广泛接触和对中国信仰民俗的深入研究，他深感关圣帝君是中国的第一大神（当然是由人变成的"神"）。他很想弄明白，一个东汉末年、三国时期的蜀汉大将，在历来以成败论英雄的民众心目中为什么于兵败被杀后不但未受贬侮，反而尊崇有加？在美国很难找到一位像关公这样由普通人升华而成的神灵且长久地为公众所信仰，于是他来到了中国华北西部这一方神秘的热土地。

我们的考察时间，正好选择在运城市举办"关公庙会"期间。

初至运城，看到红布横幅上大书"让世界了解运城，让运城走向世界"，焦大卫朗声读念后说："后半句很对，运城应该走向世界。至于前半句，我想，世界实在是不太了解运城的，世界甚至也不了解山西。我这个美国人知道关公是一位受人尊敬的了不起的'神'，但却不知道他究竟是什么地方的人。要让世界了解运城太困难了，需要做许多宣传工作。"在庙会搭制的关公城里，于关公像前焚香膜拜求签问卜者很多。焦大卫趋前拈香点燃、俯首跪拜，动作颇为利落、规范。出门后我问他："焦先生对我们的关公有什么看法？"他答："我尊敬你们中国民众所崇信的这一位大神，他理所当然地也应该得到所有人的尊敬。他的仁、义、智、勇直到现在仍有意义。'仁'就是爱心，'义'就是信誉，'智'就是知识，'勇'就是不怕困难。上帝的子民如果都像你们的关公一样，我们的世界定会更美好。"

一个美国人对关公的敬仰绝不像我们的某些同胞那样功利主义，烧香跪拜叩头许愿只是为了得到某一项具体的利益和好处。他不是那种充满金钱欲和物质欲的美国人，而是一个颇具学者风度且热衷世界不同文化的美国人。从这个西方人的关公崇拜及颇富哲理的思辨推论中，我似乎对中华民族历久不衰的关公崇拜与信仰开始有了深层次的理解和认识。

三、关公其人

千百年来,一个山西汉子的形象在龙的传人的心目中久久地萦回:

他身长8尺,面如重枣,卧蚕眉,丹凤眼,美髯垂胸,器宇轩昂,座下千里赤兔马,手执青龙偃月刀,力挽狂澜,叱咤风云……他的忠肝义胆文韬武略,使人们忘记了他的刚愎自用,人们似乎特别避讳他的走麦城,却津津乐道他温酒斩华雄、诛颜良、杀文丑、封金挂印、护嫂寻兄、过五关斩六将、千里走单骑、刮骨疗毒、单刀赴会、三江口保驾、水淹七军……

他,就是名震华夏、受人景仰的关公——关羽,关云长。

图3-1 关公像
关帝庙祭典大会雕制的关公像。

借助于元末明初太原人罗贯中的一部《三国演义》，更使关公在中国成为妇孺皆知、家喻户晓的传奇人物。

关公死后，始封为侯，继而为王，旋而晋帝，直至被尊崇为圣人、神人。南朝陈迄隋间，信徒以关公显灵，借其为护法神而首建"关庙"；唐建中初年，关公被列为古今64名将之一，奉祀于武庙；宋徽宗追封关公为"忠惠公"、"崇宁真君"；元文宗追封关公为"壮缪义勇武安显灵英济王"；明神宗追封关公为"三界伏魔大帝神威远震天尊关圣帝君"；清代更加封关公为"忠义神武灵祐仁勇威显护国保民精诚绥靖翊赞宣德关圣大帝"。

随着对关公其人的净化、圣化、神化，他虽然离人愈来愈远而超凡入圣，以致升天为"神"，但他毕竟是人，是中国历史上一个活生生的有血肉之躯的人。

关羽战死后，吴主孙权自知刘备绝不会善罢甘休，必欲兴兵报仇，国无宁日，因而惶惶然拟嫁祸于曹，遂派人将关羽首级运至洛阳，献给曹操。曹深知其意，将计就计，以王侯礼厚葬之。《三国志》裴松之注引《吴历》曰："权送羽首于曹公，以诸侯礼葬其尸骸。"故今河南洛阳有关羽墓，是为关羽首级冢；孙权闻讯后，在湖北当阳亦以诸侯之礼厚葬关羽无头尸，是为关羽尸骸冢；刘备闻义弟死讯，痛不欲生，在蜀都为关羽举行了隆重的葬礼，其规格更出孙、曹之上，故四川成都有关羽的衣冠冢。一人死而享三冢，皆受王侯葬礼，在中国封建社会史上当属罕见之举。

解州关帝庙 | 关公其人

a

b

图3-2 关公壁画故事
图为关帝庙午门建筑内描绘关公故事的两幅壁画，一为"过五关斩六将"，一为"单刀赴会"。

四、进出庙宇的通道口：关庙说『门』

解州关帝庙

进出庙宇的通道口：关庙说"门"

在尊神崇圣的古代中国，庙宇之多，堪称世界之冠。除了佛寺、道观及各种神庙外，影响之大、范围之广、普设遍置者，莫过于文武二庙。文庙奉祀山东孔丘，武庙奉祀山西关羽。文庙一般仅在州、县设置，而武庙的设置则下及村镇，其数量之多与普及程度，却又在文庙之上。而全国武庙之首，当推关公故里山西省运城市解州镇所建之关帝庙，门楼建筑则是该庙宇各种建筑中极有特色的一种。

建筑物的出入口谓"门"。《一切经音义》引《字》书云："一扇曰'户'，两扇曰'门'。"繁体"門"字实际上就是由两个"户"字组成的，在中国汉字的六种造字法（即《六书》）中归类于象形字。《说文》杜注"玉篇"云："门，人所出入也。""门"是人进出建筑物的关键部位，故《论语》发出了"谁能出不由户"的慨叹。民以居为安，居所无门无户便不可言"安"，故《易经》说：

图4-1 端门
位于关帝庙中轴线最南端，即庙之山门，与前面的结义园相对。端门有三个券形洞门，有中高侧低的三个歇山式屋顶。东西与宫墙连接。

图4-2 雉门

雉门俗称大门,位于端门北侧,面宽和进深均为三间,单檐歇山式屋顶,五踩斗栱,其檐枋、云墩等雕刻花饰甚佳。

"阖户谓之'坤',辟户谓之'乾',一阖一辟谓之'变',往来不究谓之'通'。"《易经》居然从门户的关闭开启牵扯出关于乾坤变通的哲学命题,这便是中华文化,是中华民族的"门文化",它是中国建筑文化的重要组成部分。"门"被赋予辟邪、祈福、驱恶、迎祥……诸多功能,在各种建筑特别是皇宫和庙宇建筑中占据了独特的"区位"优势。建筑群的门楼是人们认识这个建筑群落时最先进入视界的部分,具有广告和招牌作用,是建筑群落的"脸面",是整个建筑群落形制、规格与等级的标识。有鉴于此,故门楼建筑在用材、造型、规格及装饰、彩绘等方面往往堪与该建筑群落中的主体建筑和主要建筑相媲美。门楼建筑因其所处建筑群落的差异而有着不同的种类,如护卫城池的城门、宫殿前端的宫门、

进出庙宇的通道口：
关庙说"门"

解州关帝庙

图4-3 午门/上图
位于雉门之北，面宽五间，进深三间，单檐庑殿式屋顶，东西有山墙，南北面均开敞，设围栅。此门纯为礼仪观瞻而设。

图4-4 午门内景/下图
午门有粗大木柱三排，南北各6根，中排4根，承托梁架屋顶。东西面山墙上绘有关羽组画，包括"桃园结义"、"水淹七军"等脍炙人口的故事。

进出殿堂的殿门、佛寺道观的山门、道府州县等官衙的衙门、官宅或者民居的院门等，其形式有殿式门、牌楼门、垂花门、如意门等。建筑群落的等级越高，门楼建筑的气势也就越雄浑厚实、富丽堂皇。门楼中的门有一、三、五门之分，大小不一，装饰异趣。什么人走什么门，在等级森严的封建社会有着十分具体且极为严格的规定。

解州关帝庙的门可分为中轴门与旁门两部分。中轴门由端门、雉门、午门、寝宫南门、寝宫北门、厚载门组成，旁门由中轴线东侧的义勇门、钟楼门洞、文经门、东华门和中轴线西侧的忠武门、鼓楼门洞、武纬门、西华门组成，多数门的命名与皇宫建筑如出一辙，其中尤以中轴线上的端门、雉门、午门建筑最为雄伟，是解州关帝庙"门"的杰出代表及典范之作。

一般宫殿的正门俱称"端门"。解州关帝庙的端门系进入主庙的第一道门，在中轴线的南端，面阔三间，每间各辟砖券门洞一个，中门高大而侧门矮小，上建彼此相连一字横排的单檐歇山顶3座，中高而侧低。檐下施砖雕斗栱五踩，三个门洞两侧的柱础、柱身及檐下额

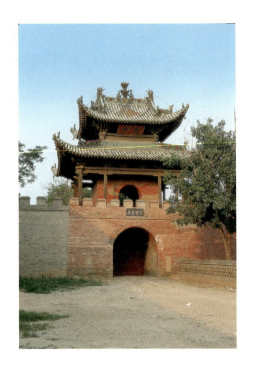

图4-5 鼓楼
位于端门后庭院的西端，与东端的钟楼遥相呼应。建筑为城楼式，在雉堞砖墙券形门洞之上，为一木构重檐歇山顶方亭，斗栱飞檐，形式古拙。

枋等俱用青砖仿木构砌筑。大门正面与背面的门洞上皆镶嵌有石刻横匾，正面中门匾额镌刻"关帝庙"三字；背面则镌刻"扶汉人物"四字；正面与背面左右两侧门额上的题刻内容相同，均为"精忠贯日"、"大义参天"；字体为楷书，兼有隶味，笔力遒劲而浑圆；正面的额枋之下及门匾四周镶嵌砖雕蟠龙及各种花卉纹饰，雕工细腻，造型生动。大门两侧与庙院围墙相连接，围墙顶部建雉堞，门体与围墙俱涂染为朱红色，使大门显得沉稳古拙，朴实雄浑，巍峨壮丽。门正面交叉斜立铁柱3根，俗称"门挡"或"挡众"。古时凡来朝庙者文官见之停轿，武官至此下马，以示圣庙之威严。端门对面的琉璃影壁上镶嵌有蟠龙、人物、鞍马等各种图

图4-6 武纬门

武纬门位于雉门西侧、面宽三间,进深二间,单檐歇山顶。平常不开雉门,武纬门和文经门(在东侧)为主要出入口。

案，显得雍容华贵，庄重大方，与高大的门楼彼此呼应，相映成趣。

雉门是专供帝王进出的大门。《春秋·定公二年》杜预注："雉门，公宫之南门。"《周礼·天官·阍人》："阍人掌守王宫之中门之禁。"郑玄注："王有五门，外曰'皋门'，二曰'雉门'，三曰'库门'，四曰'应门'，五曰'路门'。路门一曰'毕门'。玄（郑玄）谓'雉门，三门也'。"解州关帝庙雉门建于石砌台基之上，面阔与进深各三间，单檐歇山顶，绿琉璃瓦覆盖，施花琉璃脊饰，檐下斗栱五踩双昂，额悬"关帝庙"三字金书竖匾。中柱上施板门一道，前、后廊柱础石上雕石狮数尊，生动逼真。门楼上部梁架规整，转角处各悬垂莲柱一根，背面凸出抱厦三间，上建卷棚歇山顶。抱厦当心间底部筑台阶八级，向内收缩。左右两侧各砌影壁一座，与抱厦山墙连接且形成一定角度，呈

图4-7 从午门南望雉门后部的乐台（戏台）

"八"字形布局。颇有意思的是雉门及背面抱厦平时是可以前后穿行的大门，庙会期间只需在台阶上铺设台板，即可形成戏台。戏台梁架中悬横匾一幅，其上楷书"全部春秋"四字。雉门内中施隔扇门，左右两侧各辟小门一道，分别供演戏时演员上场及下场使用，上场门额题"演古"二字，下场门额题"证今"二字，旧时常有关公戏在这里上演。

"午门"乃帝王皇宫所专用，故恢宏俨然帝王宫的解州关帝庙亦有午门之设。午门布局宽敞，建于石砌台基之上，面阔五间，进深三间，单檐庑殿顶，在诸门中规格最高，虽称名曰"门"，其实却是南北敞朗无壁可以前后穿行的大殿。殿内施粗大木柱3排，前后两排各施6柱，中排施4柱，凡16柱，用以支撑屋顶重荷，东西两侧则砌筑山墙。大殿前后台基之上施精雕细刻之石栏围护。石栏杆有望柱凡40根，高约1米，柱间每块栏板正背两面均满布浮雕，内容有戏剧故事、民间传说、历史人物及各种吉祥纹饰。望柱柱首则全部是圆雕，其中以入口东边望柱上的圆雕最为出色。圆雕高8寸（约合26.4厘米），造型为光头男子坐姿像，形体壮硕，叉手抱膝，缩颈闭目，表情丰富，若愚若智，似愠似喜，耐人寻味，引人瞩目，令人百看不厌。

居庙宇前沿端门东西两侧的钟楼与鼓楼虽为悬挂钟、鼓之楼,但因解州关帝庙的前部为结义园,故游人不能自端门正面进庙,只有从钟楼与鼓楼的门洞下出入穿行,钟鼓二楼遂成了真正意义上的"门"。二楼形制相同,均为城楼式建筑,一间见方,重檐歇山顶,绿琉璃瓦覆盖,施花琉璃脊饰,下以砖券门洞为座,座顶周筑雉堞,中建楼身,砖砌四壁,施檐柱12根,形成四周回廊,飞檐斗栱,古色古香。文经门在雉门东侧,专供文职官员穿行;武纬门在雉门西侧,系甲胄之士通道。二门均面阔三间,进深二间,单檐歇山顶,较雉门略低。古时雉门不常打开,经纬二门遂成为进出庙宇的主要通道口。

图4-8 午门石栏望柱头雕像
柱头圆雕内容丰富,此为其一。人物表情幽默,颇具趣味,为清代作品。

五、木构石雕 各逞风流：关庙说『坊』

木构石雕 各逞风流：
关庙说"坊"

解州关帝庙

牌坊是一种门洞式建筑，系建筑群的导入部分。人们进入这个部分之后，便会骤然置身于一种独特的建筑主题的氛围之中，可见牌坊在建筑物的整体布局中具有限定建筑空间的作用。牌坊古称"绰楔"，原是置于里坊入口处用于旌表忠孝贞节悬挂牌匾的建筑物，故"绰楔"便有了"牌坊"的别称并干脆取"绰楔"而代之。其初创阶段极简陋，仅由表柱及横木构成。随着时间的推移，牌坊的形制渐趋繁复，在表柱和横木之上又有了楼阁式屋顶，故牌坊又称"牌楼"。由于牌坊具有较强的衬托作用，故明、清以降牌坊的功能不再局限于旌表忠孝贞节而仅仅现身于里弄坊巷要道路口，在大型宫殿、坛庙、寺观、衙署及帝王陵寝、园囿建筑的前沿或内里占有了一席之地，成为这些大型建筑必不可少的点缀性建筑物。其等级区别主要在于面阔的间数及坊顶楼头的屋顶形制与数量。

庙内的牌坊有分布在中轴线上的山海钟灵坊、气肃千秋坊，中轴线东侧的义壮乾坤坊、精忠贯日坊、万代瞻仰坊，中轴线西侧的威震华夏坊、大义参天坊。这些牌坊有的是整座庙宇的导入部分，有些则是庙内单元建筑的点缀

图5-1 结义园牌楼

结义园位于关帝庙中轴线最前部,与端门相对。图为结义园牌楼上部。

之物，具有门的作用，就其材质而言可分为石雕和木构两大类。

居庙宇前沿钟楼东侧的万代瞻仰坊是整座庙宇的前导，系明思宗崇祯九年（1636年）遗构。牌坊通体用石料凿造，三门四柱五楼单檐庑殿顶，石柱插入须弥座式柱础内，四柱前后两面的须弥座上均有直角形鼓状雕饰物与柱体相连，起到了加固牌坊的戗柱作用。牌坊檐下的石雕仿木构斗栱繁复多变，用以支撑坊顶重荷。五座楼头中高侧低，依次递减。坊顶雕刻翼角、飞椽、瓦垅、脊兽、脊刹、鸱吻等物，中门与边门的额枋上则满布高浮雕三国人物、故事及各种花卉纹饰，中门楼头下的横额上镌刻"万代瞻仰"四字。牌坊正面中门，左右石柱前各置石狮一尊，一雌一雄，彼此张望，与下部的石雕须弥座连为一体，雕工精细，造型

图5-2 万代瞻仰坊
位于关帝庙前端东侧，明崇祯九年（1636年）建，全部用石材构筑，仿木构四柱五楼，中间为梯形券门，侧间为圆形券门，枋额上遍施雕刻，有三国故事、鸟兽图案装饰。

图5-3 威镇华夏坊
位于庙前端西侧,与万代瞻仰坊相对,木结构,四柱三楼,尺度巨大,为关帝庙内牌楼之冠。该坊初建于明,清代曾三次修缮。

木构石雕 各逞风流：
关庙说"坊"

解州关帝庙

图5-4 山海钟灵坊
位于中轴线上午门之北，木构，四柱三楼，上书"山海钟灵"四个大字。

生动。万代瞻仰坊以其坚硬的石质、高大的形体、生动的气韵、丰富的内涵巍然屹立于蓝天白云之下，向人们昭示着一组气势恢宏的建筑群的存在，先声夺人，引人入胜。

庙宇前沿鼓楼西侧的威震华夏坊和钟楼东侧的义壮乾坤坊是一组对应建筑物，彼此处于端门与雉门间的横向狭长空间两端遥相呼应，系主庙外围的点缀之物，形制相同，其中以威震华夏坊具有代表性。牌坊面阔三间，三门四柱三楼头单檐庑殿顶，五彩琉璃覆盖，体形庞大，雄冠群坊，四柱前后两面及边柱外侧俱施戗柱，直柱与戗柱均插入柱础石内，檐下斗栱密致，层层叠叠，如繁花盛开。中门与边门上的三座楼头中高侧低，三座楼头下的前后左右

图5-5 气肃千秋坊
位于春秋楼前,木构,四柱三楼,形式与山海钟灵坊相仿,但尺度较大。

均施垂柱，柱间有栏杆横连，三门的额枋之间镂空雕刻各种图案纹饰，中门横额镌刻"威震华夏"四字。整座牌坊虽然体形庞大，巍峨壮观，但是并不笨拙，反而显得挺拔俏丽，典雅玲珑，翼角翚飞，动感极强。

山海钟灵坊是中轴线上的第一座牌坊，木构楼阁式，在午门之后，是由御书楼和崇宁殿组成的建筑群落和建筑空间的前导建筑物。牌坊不甚高大，建于砖砌台基之上，三门四柱三楼头单檐庑殿顶，五彩琉璃覆盖。直柱与戗柱插入台基之内，戗柱四周下部砌砖石围护。檐下斗栱繁复，额枋雕饰细腻，额题"山海钟灵"四字，字体结架规整，笔锋圆润。牌坊整体造型典雅古朴。

气肃千秋坊是中轴线上的第二座牌坊，木构楼阁式，高大巍峨，是寝宫的前导建筑。其高大的体量宣示了位于其后的春秋楼的重要性。和前述牌坊一样，气肃千秋坊亦是三门四柱三楼头单檐庑殿顶，顶施琉璃筒瓦及花琉璃脊饰、脊刹及鸱吻，四根直柱的前后两面及边柱外侧俱施戗柱，使高大单薄的牌坊增加了厚实感和稳定性，中高侧低的三座楼头屋檐之下的斗栱尤显密致，状如蜂窝，其底部的砖砌平台及直柱前后的鼓形石雕使牌坊平添了一种伟岸和威严。坊前左右两侧置铁狮及铁人各一对，高大威武，造型生动，却是庙内其他牌坊所不曾配置，证明了这座牌坊及位于其后的春秋楼的出类拔萃和与众不同。

图5-6 精忠贯日坊
位于午门东侧,木构,二柱单楼,上书"精忠贯日"。

位于午门东西两侧的精忠贯日坊和大义参天坊是一组对应建筑物，形制相同，建于砖砌平台之上，俱为单门二柱一楼头单檐庑殿顶，五彩琉璃覆盖，直柱前后及外侧均施戗柱，插入砖砌柱础内，檐下斗栱繁复，其体量及规格较庙内外的其他牌坊既小且低，显然是为了与规格不高的文经门和武纬门相呼应，并衬托中轴线建筑的高大巍峨。这两座牌坊虽然体量不大，规格不高，但主庙内却因为有了它们而丰富了庙宇建筑空间的景观。

图5-7 大义参天坊
位于午门西侧，与精忠贯日坊对称，形制相同。

六、玲珑八卦楼

八卦楼在中轴线的中部，位于午门之后，因殿内藻井绘八卦图而得名。楼与午门间以山海钟灵坊相隔。清乾隆二十七年（1762年），为了纪念圣祖康熙皇帝御书"义炳乾坤"题匾，故改称"御书楼"。楼建于砖砌平台之上，平面布局近方形，面阔与进深各三间，周设回廊十六间，两层三檐歇山顶，殿顶以绿琉璃筒瓦覆盖，施花琉璃脊饰。楼身前部出抱厦一间，单檐庑殿顶，檐下斗栱密致，额枋浮雕花卉纹饰；楼身后部出抱厦三间，单檐卷棚歇山顶。底层明间无壁，可供穿行。底层周施檐柱，自平台通达上层檐下，直接支撑上层梁架。二层围廊的廊柱矗立在底层廊内的双步梁上，梁两端由底层廊柱及檐柱承托，简洁有力。二层楼身的围廊施雕花栏杆。平台周施石雕勾栏，绕底层廊柱而设，有石刻望柱凡30根，通高约1米，柱头雕狮、猴、仙鹤及童子等；栏板

图6-1 御书楼/前页
位于崇宁殿前，初为纪念康熙皇帝来谒关帝庙而建，原名八卦楼，乾隆二十七年（1762年）改名御书楼。楼面宽五间，进深三间，底层前后出抱厦，重檐歇山顶；外观三层檐。

图6-2 "绝伦逸群"匾
匾悬于楼北，清代言如泗书。"绝伦逸群"四字源诸葛亮语。字体结构严谨，劲道浑圆。

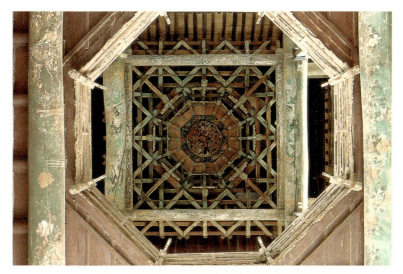

图6-3 御书楼藻井/上图
藻井为八角形,斗栱层叠,结构精巧。

图6-4 御书楼斗栱/下图

054

解州关帝庙 | 玲珑八卦楼

图6-5 御书楼琉璃脊饰/前页

上浮雕云龙、奔狮、麒麟及花卉等图案，其中一帧内容为《西游记》的浮雕，画面上猴王赤足着袍，在指挥两只小猴弯弓练武，另有一只小猴在玩铁环，画面生动活泼，趣味盎然。楼内上、下两层之间有楼板相隔，楼板居中留八角形孔洞，站在底层可望见楼内顶部制作简洁的八角形藻井及井底所绘阴阳鱼及八卦图案。八卦楼虽然楼身不太高大，但构建精巧，玲珑典雅，极有特色。

七、巍峨崇寧殿

图7-1 崇宁殿

关帝庙主殿,重檐歇山顶,面宽五间,进深四间,周施回廊,有雕龙石柱26根,外观气势宏大。殿前有宽畅的月台。

图7-2 石雕围栏/后页

崇宁殿四周设石雕围栏,栏板上浮雕神仙故事和龙凤花纹图案,雕工精湛,形象生动。

崇宁殿在主庙中轴线后部,与八卦楼一北一南比邻而居,因宋崇宁三年(1104年)徽宗追封关羽为"崇宁真君"而得名,清圣祖康熙五十七年(1718年)重建,是庙内主体建筑。崇宁殿台基甚高,殿前月台十分宽敞。建筑为单层,重檐歇山顶,覆绿琉璃筒瓦,施五彩琉璃脊兽及脊刹,上下檐均施五踩斗栱,重栱双昂。建筑面阔七间,进深六间,四周环廊。廊柱共26根,俱用石料凿造,柱身镌刻高浮雕蟠龙,柱体高大雄浑,龙身盘曲有力,张牙舞爪,形象生动。蟠龙石柱的使用更加提高了大殿的等级。殿前悬挂清高宗乾隆皇帝钦定之"神勇"二字匾及文宗咸丰皇帝御书之"万世人极"四字匾。大殿台基之上围绕廊柱设置石勾栏,由52根望柱及50块栏板组成。望柱头为各种走兽;栏板上的浮雕内容有"刘海戏金蟾"、"南柯记"等戏剧人物与神话故事。殿前月台正面陛石上镌刻卷草流云及高浮雕蟠龙,显然是仿皇宫规制。殿内金柱制作精细,中部靠后设神龛,龛内置关羽加冕帝装塑像,面部神情刚毅,神态端庄肃穆。神龛面阔三间,前檐插廊,施勾栏、望柱,次间施隔

解州关帝庙 巍峨崇宁殿

图7-3 蟠龙石柱
崇宁殿环廊共22间,有蟠龙石柱26根。蟠龙形态各异,或张牙舞爪,或吞云吐雾,十分传神。

图7-4 华表望天兽

崇宁殿前有石华表一对,高3米有余,顶部望兽,头部朝向天空,憨态可掬。

解州关帝庙 | 巍峨崇宁殿

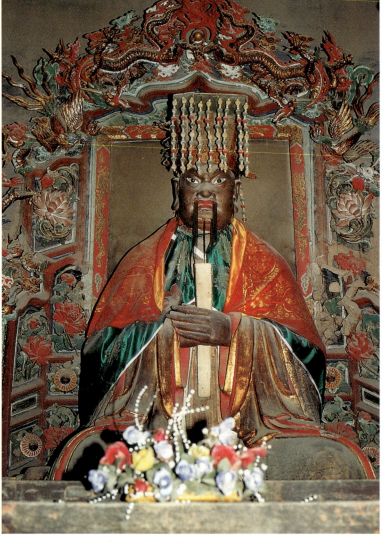

图7-5 关帝像
崇宁殿内的关帝像,身着帝装加冕,器宇轩昂威严。

图7-6 青龙偃月刀
著名的关羽兵器。此刀为明末铸造,重300斤,显示关羽的神勇。

扇门,栏额上施斗栱承龛顶,悬"威灵震叠"四字横匾。整座神龛全部系木雕制成,雕工细腻,是一座精巧的清式小木作艺术品。殿前有高约3米的石雕华表一对,顶端圆雕望天兽;另有铁旗杆一对,上有龙饰,以大象为底座,高约7米,铸造于清雍正年间(1723—1735年);有铁质青龙偃月刀三把,重约150公斤,铸造于明朝末年;有铜鼎香炉和铜质供案各一个、铁仙鹤一对。

图7-7 象座旗杆
位于崇宁殿前台基两侧，旗杆高约2丈，象座铸造于清雍正年间。

图7-8 焚表铁塔/对面页
位于崇宁殿前。塔高两丈余八角形，铁铸，塔身铸有经文和莲瓣装饰。

　　殿外有两座焚表铁塔，一东一西，高约7米，铸造于明末，由塔座、塔身、塔刹三部分组成。塔底部为八角束腰须弥座，束腰下部由平面呈八角形的仿木构勾栏、望柱及其下之驮塔力士组成，上部则是平面呈圆形层层外出总计三层的仰莲瓣。尤其值得赞许的是西塔的驮塔力士像，它们高不盈尺，浓眉狮鼻、凸眼阔嘴，双臂孔武有力，腰带紧束，或怒或威，具传统武士风采，一肩微抬，以示荷重，造像技巧虽极谙练，却不流于僵硬呆滞和程式化，有较高的艺术价值。塔身置于须弥座上部的圆形

图7-9 驮塔力士
焚表塔须弥座上的八个角部铸有八个驮塔力士，作力负千钧状，承负上部塔身重量。力士形态自如，呼之欲出。

仰莲上，系仿木构八角单层阁，勾栏、望柱、垂花柱、额枋等一应俱全，十分精巧。塔刹为重檐八角攒尖顶形制，檐下有仿木构斗栱，塔檐铸椽飞、瓦垅及各种脊饰，极顶以半球状宝盖收刹，宝盖之下铸立狮，狮侧铸铁人。焚表铁塔的整体造型雄中见秀，厚重而不失玲珑，粗细相间，方圆搭配，虚实相生，线条活泼，是一件精巧细腻工艺精湛的大型铁铸工艺品，极具审美情趣。

八、悬梁吊柱春秋楼

070

解州关帝庙

悬梁吊柱春秋楼

筑境 中国精致建筑100

图8-1 春秋楼/前页
位于关帝庙最北部，也是全庙最高的建筑。楼原名"麟经阁"后改名春秋楼。楼面宽五间，进深四间，二层三檐歇山顶。楼上悬柱回廊，结构精巧，颇具意匠。

春秋楼在庙宇的后部，以气肃千秋坊为前导，以刀印二楼为两翼，巍然屹立于寝宫院中央，是寝宫的主体建筑，建于明神宗万历四十八年（1620年），因楼内塑关羽夜观《春秋》像，且二层暖阁板壁上镶嵌有木板镌刻的全部《春秋》，故名"春秋楼"。孔子著《春秋》时闻祥兽麒麟被猎而掷笔叹息，故《春秋》亦名《麟经》，春秋楼便因此而又有"麟经阁"之称。其下台基高达1.1米，楼高33米，总面阔30.5米，进深24.7米，总面积约753.4平方米，重建于清穆宗同治九年（1870年）。楼身面阔七间，进深六间，二层，重檐歇山顶，上下两层均四周环廊，外观气势磅礴，宏伟壮观。上层楼阁以26根垂柱伸出平座，柱间施栏杆，形成回廊。垂柱下端雕刻莲瓣，悬空下垂，玲珑奇巧。上层廊柱的柱头施三踩单翘斗栱，耍头有卷草形和蚂蚱形两种，转角耍头状如象鼻，令栱看面砍斜，柱头横栱雕花纹和卷

图8-2 春秋楼山墙部回廊木构架

图8-3 春秋楼一层转角斗栱/上图

图8-4 春秋楼一层檐下斗栱/下图
五踩斗栱，如意头斜昂，如花朵怒放，极具装饰性。

云图案。底层廊柱的柱头施五踩双下昂斗栱，耍头雕作云形，昂嘴如意式，前后明、次三间柱头斗栱左右各加施斜昂一至二缝，转角耍头雕作龙首形，华美俏丽。顶部第三层檐下斗栱为五踩重昂，柱头科加施斜昂两缝，昂为琴面式，耍头系卷云形，角科耍头雕作龙首形。檐下斗栱之斗面、栱面及耍头、昂嘴等构件上全部雕镂图案纹样，是中国古建筑所用斗栱由结构部件变为装饰部件之典型实例。台基前沿施石雕勾栏，其上镂刻狮、龙、流云等，雕工细腻而精巧。底层外围施廊柱26根，楼内施金柱12根，围绕殿身施檐柱和檼檐柱一周，檼檐柱除前檐明、次三间四柱敞露外，余皆砌入墙体之内，其中的檐柱粗短，檼檐柱细长，金柱略粗。二层廊柱向内收缩四分之一，檐柱、檼檐柱和金柱与底层垂直对应，明间增设中柱两根，直抵支撑五架梁的蜀柱平板枋下，上下两层俱依柱安装神龛。下层神龛面阔三间，内有关羽帝装金身坐像；上层神龛分为前后两进，前室宽敞，内置供桌一面，后室如榻，桌案上置蜡烛灯台，内塑关羽便装夜观《春秋》坐像，左手扶膝，右手拈须，凝神端坐，若有所思，传说中关羽面部七痣清晰可见。上下两层神龛前檐雕刻回廊、雀替、隔扇、勾栏等，工艺极为精巧。

春秋楼檐下额枋、穿插枋外端及通间雀替上镂刻龙凤、流云、花卉、人物、飞禽、走兽等各种图案，雕工精湛，形象生动，玲珑剔透，精致富丽。底层前檐当心间施垂带阶梯，楼内东西两侧各有楼梯36级，四周安装木制隔

图8-5 春秋楼关帝像
安放在底层一佛龛内,容貌儒雅,一派大将风度。

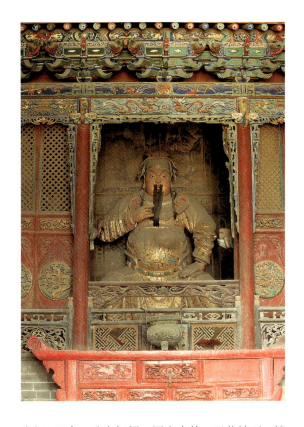

扇门108个,疏密相间,图案古朴,工艺精巧。楼身梁架结构分上下两层,下层围廊以穿插枋稳固柱身,上置双步梁和单步梁。楼内橑檐柱与金柱之间亦施穿插枋,柱上施斗栱承腰梁。腰梁分作三段,各跨两间,在金柱头斗栱上对接,梁上安装楞木及楼板。楼顶梁架由橑檐柱和金柱承托,无天花板之设,梁架外露。前、后槽施单步梁与双步梁承重,金柱上立瓜柱承五架梁,梁上施缴背、瓜柱承三架梁。楼上明、次三间梁架之间施藻井三眼,当心一眼藻井下部呈方形,上部施抹角梁和垂莲柱,叠构作八角形,井底雕镂二龙戏珠图案。两次间中置雷公柱一根,下端周雕花蕊,柱周插昂四射,自下

图8-6 春秋楼月台石栏
在石栏板上雕有猴、鹿等动物,神态生动可爱。

而上逐渐加长。昂上横栱分层联结为圆圈,形如怒放之花朵,华美精致,为他处所未见。楼顶以五彩琉璃覆盖,吻兽、脊刹俱备,光彩夺目,富丽堂皇。

春秋楼"悬梁吊柱"之结构奇巧别致,形危而实固,外观给人以楼阁悬空之感。其结构特点是将二层廊柱上部固定于腰梁的顶端,使柱头承受的重荷通过腰梁传递至下层檐柱与金柱之上,从而把二层廊柱之绝大部分悬空。类似形制在中国现存古建筑实物中已极罕见。楼上有联云:"北斗在当头帘箔开时应挂斗,南山来对面春秋阅罢且看山"。充分显示了春秋楼的雄伟气魄。

九、常平关圣家庙

常平关圣家庙

位于常平村关公故里的关圣家庙与解州关帝庙遥相呼应，联袂而踞，互为补充，形成一体。中国关庙虽多，但关圣家庙却仅此独有，天下无双。关圣家庙亦称"关帝祖祠"，相传系关羽故里常平村民于隋朝初年创建，始为祠堂，至金代形成庙宇。据明神宗万历二十七年（1599年）魏养蒙所撰《重修常平关圣家庙碑记》称，金代常平里舍人王兴于金世宗大定十七年（1177年）"创建正殿三间，转护环廊四十间，寝殿、仪门各三间，大门三间，北向"。后来又有常平村人胡钥对庙宇进行过局部修葺及增扩，此次工程告竣后"三十年无修者，倾欹朽腐，十可六、七"。碑记撰写人魏养蒙求得盐官、抚台共同捐资，并动用解州关庙香火钱，大兴土木，因"灵塔逼近大门，不便飨食，乃移大门南一丈许。塔前建一碑亭，移石坊大门南丈许，移影壁于石坊南一丈许，而栋、甍、榱、桷、橼、栌、垣、瓷以迨桼帐砌础，尽弃其旧，易以新焉。名曰'修'，实则'创'也……至万历二十一年（1593年）四月报讫"。到了清代，当地人于高宗乾隆四十二年（1777年）在庙内兴建圣祖殿，此后再无修葺。

庙宇坐北向南，规模宏伟，布局严谨，殿阁壮丽，占地13320平方米。村外建碑亭，内置石碑一通，上书"关圣故里"四个大字。碑亭占地虽仅一平方米左右，显得简陋矮小，但竖立于关圣故里，则有着特别韵味。庙前建牌坊3座，位于东西两侧者为木结构，三门四柱庑殿顶，分别名"灵钟咸海"、"秀毓条

图9-1 常平关帝庙崇宁殿
其形制同解州关帝庙,面宽五间,进深四间,重檐歇山顶,四周回廊。殿柱对联:"紫雾盘旋剑影斜飞江海震;红霞缭绕刀芒高插斗牛清"。

图9-2 常平关帝庙砖塔
塔高约15米,平面六角形,七层,底座方形。造型简洁质朴。

山"; 居中者为石结构, 三门四柱, 正前方置铁狮一对, 明间门额书"关王故里"四字。庙内中轴线上自前至后依次排列着山门、午门、献殿、崇宁殿(关帝殿)、娘娘殿(关夫人殿)、圣祖殿等6座建筑, 两侧配置钟鼓二楼及厢房、配殿、碑亭、回廊及道士院等, 显得主从有致, 参差错落, 同解州关帝庙一样在总体布局上沿袭了"前朝后寝"之形制。山门、午门、献殿均面阔三间, 单檐悬山顶, 灰色筒板瓦覆盖, 绿琉璃瓦剪边。崇宁殿是庙内主体建筑, 建于砖砌台基之上, 面阔五间, 进深四间, 四周回廊均进深一间, 总面阔七间, 总进深六间, 重檐九脊歇山顶, 绿玻璃瓦覆盖, 施花琉璃脊饰。大殿明间施板门两扇, 左右次间施直棂窗。梁上题记为清穆宗同治九年(1870

年）重修，据建筑形制判断当为明建清修。殿内木雕神龛装饰富丽，内置关羽像，器宇轩昂，神情肃穆，是一个帝王与大将风度兼而有之的关羽形象。龛内、外分置侍者像四尊，造型丰满，神态逼真，谦卑恭谨。娘娘殿面阔与进深各五间，重檐歇山顶，殿前檐建插廊，施垂花门，左右两侧建配殿，自成院落。殿内神龛所供关夫人像。左右两侧侍女像或持帕，或握笏，恭身肃立，乃清代塑像之佳作。

圣祖殿在庙宇后端，面阔三间，单檐悬山顶，灰色筒板瓦覆盖，置于砖石构筑的台基之上，殿前月台宽敞，殿内供关羽始祖、曾祖、祖父和父及其三祖夫人像，为海内其他武庙所未见。

庙内东隅午门前檐右侧有八角七级砖塔一座，通高约15米。塔的底部为方形基座，四壁镶嵌金世宗大定十七年（1177年）、明世宗嘉靖八年（1529年）和四十四年（1565年）、清仁宗嘉庆二十二年（1817年）4通碑碣。塔身上下收分较大，层间叠涩出檐，反叠涩收进，形成下层塔檐及上层基座，极顶砌筑圆盘，惜其上塔刹今已不存。砖塔肥硕持重，端庄稳健，平素无饰，历经明嘉靖年间（1522—1566年）河东地区大地震的考验而安然无恙，巍然屹立在蓝天白云之下、苍松翠柏之间、千年古庙之内，向世人昭示着曾经养育过以关羽为代表的杰出人物的这方土地悠久的历史传承和丰厚的文化底蕴。据明朝末年解州知州徐袨所撰《重修常平里武安王庙记》称，"父老相传，庙即（关）王旧居，有塔焉屹立，袭称塔下为井。王初避难出亡时，其父、母沉葬于内，后人因此起塔以表之。惜史传失记，郡志无征。塔上嵌片石，知金大定十七年（1177年）本庄舍人王兴重修。庑下断碑，知入国朝，一修于成化丙申（即明宪宗成化十二年，1476年），再修于嘉靖癸未（即明世宗嘉靖二年，1523年），继修于嘉靖庚寅（即嘉靖九年，1530年），皆乡民私葺，官不与知焉。"民间流传，塔高与井深相等，后人建塔于井上，意思是"跳至深处，补到高处"，以寄托乡人对关公父母的敬仰与思念之情。塔东侧有小庙一座，内塑一红脸少年像，名御宝，是一个为报救助之恩而自愿终生服侍关羽的同乡童子。庙南中条山下古柏苍翠，石碑林立，乃关氏祖坟。由关圣家庙至关氏祖坟的通道上建有献殿、祭台等，惜今已不存。庙内有各种碑碣数十通，对关羽封号及关族世袭、庙宇沿革等记述甚详。

十、古木蓊郁 各具传奇

关圣家庙古木

关圣家庙古木参天，盘根错节，苍翠蓊郁，虬枝纵横，几乎每一株古树都有一个隽永而神奇的传说。

午门前檐右侧所建奉祀关羽父母砖塔的东部有古柏一株，名曰"竹节柏"，因其象征关羽父母的高风亮节，故名。令人称奇者是每至寒冬腊月，无论降雪量多大，所有柏叶上均不留一点积雪，正所谓"竹筠有节留贞气，井水无波照素心"。

娘娘殿院内有古桑一株，乃明代所植，树龄逾500余年，粗可合围，表皮鳞状，俗谓之"麒麟皮"。一般桑树所结桑葚一年仅成熟一次，但是这株桑树的桑葚却于一年之内可五熟五落。其下部有5条粗根，约碗口粗细，裸露于地面约1米。根部上方为树干，树干距地面约5米处伸出5株粗枝，与树干下5条粗根相互呼应，同家庙供奉关羽之曾祖、祖父、父亲、关羽本人、关羽子关平及关兴五代暗合，号称"五世同堂桑"。

庙院内娘娘殿西北隅另有古柏一株，名曰"云柏"，树干中裂，以铁箍环护，树身倾斜，与地面成45°角，直指10公里外的解州关庙。其叶团团簇簇，整株柏树如彩凤羽翼，俗传关帝常以云柏为坐骑，飞升于天，在常平家庙及解州关庙之间往返飘忽上下飞舞，俨然乘坐千里赤兔马驰骋于疆场。每至严冬，大雪纷

图10-1 常平关帝庙五世同堂桑/对面页
在娘娘殿院内。古桑植于明代，已逾500余年，粗可合围。树下五条粗根，暗喻关公五代，号称"五世同堂桑"。

飞,笼罩万物,此柏却落雪必化,无有覆压,故亦称"热柏"、"化雪柏"、"无雪柏"。据来自日本的参观者声称,此类树种在世界上属濒危植物,已极罕见。相传曾经有人欲偷伐此树卖钱,行将动锯伐树前原本完整的古柏却于一夜之间自上而下通裂开缝,偷伐者认为关圣显灵,遂弃锯遁逃,从此不再有敢于伐树者。

庙内主体建筑崇宁殿前檐左右两侧各有古柏一株,名"龙"、"虎"柏。二柏主干内侧距地面约1米处树皮凸凹,形成龙身、虎首,自然天成,惟妙惟肖,令人称奇。乡俚习俗以红绳缠绕龙、虎柏身,然后裁龙柏所缠红绳一段为幼子做项圈,便是认龙柏为"干爹",或剪虎柏所缠红绳一截为幼女做项圈,便是认虎柏为"干爹",可保佑子女健康成长,洪福齐天。此俗历久不衰,遗风迄今犹存。

图10-2 常平关帝庙龙柏在崇宁殿前。老干虬曲如龙,故名。

十一、源远流长的关公大祭

源远流长的关公大祭

古代中国中华民族的神灵崇拜几乎伴随着中华文明的全过程,没有任何一个学者能够搞清楚我们的祖先究竟信仰和崇拜过多少神灵。在众多神灵中,关公是一位备受从皇室官宦到黎民百姓、从儒道佛教到民间社团俱崇信有加的华夏第一神,崇祀逾千年而历久不衰。对于关公的祭祀活动,既源远流长,又隆重肃穆。这种祭祀活动在明清两代的皇帝追封关羽为"大帝"之后规模更加宏大,并愈益规范严谨。

明世宗嘉靖年间(1522—1566年),颁布了京师关庙每逢阴历五月十三日关羽诞辰需备全牛、全羊、全猪各一头及帛一匹、果品五件并遣太常官赴庙致祭的有关规定,同时一年四季的首月及除夕还需另派官员赴关庙致祭,国有大事,必告关庙。作为关羽故里的解州关庙还将每年阴历的四月初八日、九月十三日列为祀期,祭品仅比京师关庙减少全牛一头,平时小祭则不计在内。

清代关公大祭的规格与孔子一样,属于"中祀",仅次于祭祀社稷坛之"大祀"。其祭祀对象除关羽本人外还有关羽的三代祖先;祭祀活动规模盛大,遍及全国的府、厅、州、县及常平关圣家庙和祖墓,尤以解州关庙的大祭活动最引人瞩目。

近年来随着旅游业的勃兴和发展,前往解州关帝庙及常平关圣家庙参观游览、寻根访祖、朝拜祭祀者络绎不绝,与日俱增。当地政

图11-1 关公大祭/上图
图为1998年在解州关帝庙内举行的关公故里千年大祭,有许多海外同胞参加。

图11-2 铁制牵狮胡人/下图
位于气肃千秋坊前。胡人和狮子尺度适宜,造型生动,为明万历年间作品。

府抓住机遇，连续举办了规模空前的关公庙会——关公文化艺术节、关帝金秋大祭、国际暨海峡两岸关公文化研讨会，以及关帝千年家祭和关圣帝君金身开光分灵法会，内涵丰富，形式多样。

关公文化现象

我们的民俗心理历来是以成败论英雄，但并不尽然。人们对关公的偏爱和崇信就是一个例外。

关公的确是一个有缺点，甚至是有致命缺点的人。譬如他的刚愎自用、狂妄自大、自命不凡、自以为是等，都是人们应当警觉并且千万不可效法的。如果关公仅仅是一个普通人，那么他具有这些缺点倒也无关紧要。可他偏偏是独当一面、肩负重任的蜀汉大将，于是他的这些缺点也就非同小可了。他的性格缺陷使他敢于公然破坏诸葛亮在《隆中对》中所制定的"东联孙吴，北拒曹魏"的基本国策，最后导致兵败被杀，是一个颇富悲剧色彩的人物。他的死甚至可以说是蜀国走向败落的重要原因。

一代英雄关羽作为高级将领而在历史上永久地停滞于悲剧的角色而不得解脱，但是他个人性格颇为优秀的另一面，诚如美国先生焦大卫教授所言之"仁、义、智、勇"都获得了全民族的认同。关夫子的优秀一面像他的缺陷一面一样，感人至深：如果说"仁"就是爱心的话,其"仁"也至仁,他爱义兄义弟、尊长部属、坐骑武器、子侄臣民,甚至爱政治上的对手,并有华容道义释曹操之举;如果说"义"就是信誉的话,其"义"也至义:为了信守与刘备的盟誓,他不受高官、厚禄、金钱、美色的诱惑,封金挂印,护嫂寻兄,千里走单骑,向无立足之地的刘备靠拢;如果说"智"就是知识和文化的话,其"智"也至智:他熟读《春秋》,谙练兵法,有大将风度,非匹夫之勇,有很高的智商和极深的文化层次;如果说"勇"就是不怕困难的话,其"勇"也至勇:他温酒斩华雄、诛颜良、杀文丑、过五关斩六将、刮骨疗毒、单刀赴会、三江口保驾、水淹七军,克服千难万险,让敌手闻之丧胆。关公的德行之美符合儒道佛三教特别是儒教文化的审美情趣,其中不乏人民性,于是使关公不仅成为官方的,尤其成为民间的崇拜偶像和心灵依托。因此在中国广袤的土地上不但京城和府、州、县有关庙之设,山庄窝铺亦建有关庙,大者如浩浩皇宫,小者仅一间瓦屋,规模虽然相去甚远,但都表达了对关公的崇信。正因为如此,故恢宏俨然帝王宫的解州关帝庙,能够在千余年间几经兴废,数度重修,延续至今而愈见辉煌。遍布中国和世界各地的各种规模各种形制的关帝庙是人们用土木撰写的"关公颂歌",是关公文化的重要内涵和表现形式。

大事年表

朝代	年号	公元纪年	大事记
东汉	延熹三年	160年	关羽诞生于常平里
	建安二十四年	219年	关羽战死于临沮县
隋	开皇九年	589年	建解州关庙及常平关圣家庙
宋	大中祥符七年	1014年	重建解州关庙
	崇宁元年	1102年	追封关羽为忠惠公
	崇宁三年	1104年	封关羽为崇宁真君
	大观二年	1108年	封关羽为昭烈武安王
	政和年间	1111—1117年	重修、扩建解州关庙
	宣和五年	1123年	封关羽为义勇武安王
	建炎二年	1128年	封关羽为壮缪义勇武安王
金	大定十七年	1177年	重建常平关圣家庙
	泰和四年	1204年	修葺解州关庙
元	大德七年	1303年	解州关庙毁于地震后又予重建
	延祐年间	1314—1320年	修葺、扩建解州关庙
	天历元年	1328年	封关羽为壮缪义勇武安显灵英济王
	至正年间	1341—1368年	修葺、扩建解州关庙

朝代	年号	公元纪年	大事记
明	洪熙元年	1425年	修葺解州关庙
	成化年间	1465—1487年	修葺解州关庙及常平关圣家庙
	正德五年	1510年	修葺解州关庙
	嘉靖二年	1523年	再修常平关圣家庙
	嘉靖三年	1524年	修葺解州关庙
	嘉靖九年	1530年	继修常平关圣家庙
	嘉靖十五年	1536年	再修解州关庙
	嘉靖三十七年	1558年	解州关庙毁于地震后又予重建
	万历年间	1573—1619年	建解州关庙春秋楼等建筑；重修关圣家庙；魏养蒙撰《重修常平关圣家庙碑记》；封关羽为三界伏魔大帝神威远震天尊关圣帝君
	崇祯九年	1636年	建解州关庙万代瞻仰石牌坊；徐柞撰《重修常平里武安王庙记》碑铭；铸造解州关庙青龙偃月刀及焚表铁塔
清	顺治九年	1652年	封关羽为忠义神武关圣大帝
	顺治十七年	1660年	铸解州关庙大钟
	康熙六年	1667年	重建解州关庙胡公祠

朝代	年号	公元纪年	大事记
清	康熙四十一年	1702年	解州关庙失火被焚
	康熙五十二年	1713年	再建解州关庙,增筑崇圣祠,庙宇恢复旧貌
	康熙五十七年	1718年	重建解州关庙崇宁殿等建筑
	雍正十二年	1734年	建解州关庙碑亭,内置和硕果亲王题词玉石碑;铸崇宁殿前铁旗杆
	乾隆十八年	1753年	重修解州关庙
	乾隆二十七年	1762年	建结义园;改八卦楼为御书楼;改建刀印二楼
	乾隆四十二年	1777年	建关圣家庙圣祖殿
	嘉庆十四年	1809年	建解州关庙钟亭
	道光五年	1825年	修葺解州关庙
	咸丰年间	1851—1861年	文宗咸丰皇帝御书"万世人极"匾
	同治九年	1870年	大修解州关庙,重建春秋楼;重修关圣家庙崇宁殿
	光绪五年	1879年	封关羽为忠义神武灵祐仁勇威显护国保民精诚绥靖翊赞宣德关圣大帝;铸造铜鼎炉、铜供案、铁仙鹤等

"中国精致建筑100"总编辑出版委员会

总策划：周　谊　刘慈慰　许钟荣
总主编：程里尧
副主编：王雪林
主　任：沈元勤　孙立波
执行副主任：张惠珍
委员（按姓氏笔画排序）
王伯扬　王莉慧　田　宏　朱象清　孙书妍
孙立波　杜志远　李建云　李根华　吴文侯
辛艺峰　沈元勤　张百平　张振光　张惠珍
陈伯超　赵　清　赵子宽　咸大庆　董苏华
魏　枫

图书在版编目（CIP）数据

解州关帝庙/王宝库等撰文/王永先摄影.—北京：中国建筑工业出版社，2013.10
（中国精致建筑100）
ISBN 978-7-112-15755-6

Ⅰ.①解… Ⅱ.①王…②王… Ⅲ.①寺庙–宗教建筑–建筑艺术–运城市–图集 Ⅳ.① TU–885

中国版本图书馆CIP数据核字（2013）第198748号

◎中国建筑工业出版社

责任编辑：董苏华 张惠珍 孙立波
技术编辑：李建云 赵子宽
图片编辑：张振光
美术编辑：赵 清 康 羽
书籍设计：瀚清堂·赵 清 周伟伟 康 羽
责任校对：张慧丽 陈晶晶 关 健
图文统筹：廖晓明 孙 梅 骆毓华
责任印制：郭希增 臧红心
材料统筹：方承艺

中国精致建筑100

解州关帝庙

王宝库 王 鹏 撰文/王永先 摄影

中国建筑工业出版社出版、发行（北京西郊百万庄）
各地新华书店、建筑书店经销
南京瀚清堂设计有限公司制版
北京顺诚彩色印刷有限公司印刷

开本：889×710毫米 1/32 印张：3 插页：1 字数：125千字
2015年9月第一版 2015年9月第一次印刷
定价：**48.00元**
ISBN 978-7-112-15755-6
　　　（24330）
版权所有 翻印必究
如有印装质量问题，可寄本社退换
（邮政编码100037）